사고력도 탄탄! 창의력도 탄탄!
수학 일등의 지름길 「기탄사고력수학」

♛ 단계별·능력별 프로그램식 학습지입니다

유아부터 초등학교 6학년까지 각 단계별로 4~6권씩 총 52권으로 구성되었으며, 처음 시작할 때 나이와 학년에 관계없이 능력별 수준에 맞추어 학습하는 프로그램식 학습지입니다.

♛ 사고력·창의력을 키워 주는 수학 학습지입니다

다양한 사고 단계를 거쳐 문제 해결력을 높여 주며, 개념과 원리를 이해하도록 하여 수학적 사고력을 키워 줍니다. 또 수학적 사고를 바탕으로 스스로 생각하고 깨닫는 창의력을 키워 줍니다.

♛ 유아 과정은 물론 초등학교 수학의 전 영역을 골고루 학습합니다

운필력, 공간 지각력, 수 개념 등 유아 과정부터 시작하여, 초등학교 과정인 수와 연산, 도형 등 수학의 전 영역을 골고루 다루어, 자녀들의 수학적 사고의 폭을 넓히는 데 큰 도움을 줍니다.

♛ 학습 지도 가이드와 다양한 학습 성취도 평가 자료를 수록했습니다

매주, 매달, 매 단계마다 학습 목표에 따른 지도 내용과 지도 요점, 완벽한 해설을 제공하여 학부모님께서 쉽게 지도하실 수 있습니다. 창의력 문제와 수학 경시 대회 예상 문제를 단계별로 수록, 수학 실력을 완성시켜 줍니다.

♛ 과학적 학습 분량으로 공부하는 습관이 몸에 배입니다

하루 10~20분 정도의 과학적 학습량으로 공부에 싫증을 느끼지 않게 하고, 학습에 자신감을 가지도록 하였습니다. 매일 일정 시간 꾸준하게 공부하도록 하면, 시키지 않아도 공부하는 습관이 몸에 배게 됩니다.

What?

「기탄사고력수학」은
체계적이고 장기적인 프로그램으로
꾸준히 학습하면 반드시 성적으로 보답합니다

✿ 스몰 스텝(Small Step)방식으로 꾸준히 학습하면 성적이 올라갑니다

「기탄사고력수학」은 단순히 문제만 나열한 문제집이 아닙니다. 체계적이고 장기적인 학습프로그램을 통해 수학적 사고력과 창의력을 완성시켜 주는 스몰 스텝(Small Step)방식으로 꾸준히 학습하면 반드시 성적이 올라갑니다.

✿ 하루 3장, 10~20분씩 규칙적으로 학습하게 하세요

매일 일정 시간에 일정한 학습량을 꾸준히 재미있게 해야만 학습효과를 높일 수 있습니다. 주별로 분철하기 쉽게 제본되어 있으니, 교재를 구입하시면 먼저 분철하여 일주일 학습 분량만 자녀들에게 나누어 주세요. 그래야만 아이들이 학습 성취감과 자신감을 가질 수 있습니다.

✿ 자녀들의 수준에 알맞은 교재를 선택하세요

〈기탄사고력수학〉은 유아에서 초등학교 6학년까지, 나이와 학년에 관계없이 학습 난이도별로 자신의 능력에 맞는 단계를 선택하여 시작하는 능력별 교재입니다. 그러나 자녀의 수준보다 1~2단계 낮춘 교재부터 시작하면 학습에 더욱 자신감을 갖게 되어 효과적입니다.

교재 구분	교재 구성	대 상
A단계 교재	1, 2, 3, 4집	4세 ~ 5세 아동
B단계 교재	1, 2, 3, 4집	5세 ~ 6세 아동
C단계 교재	1, 2, 3, 4집	6세 ~ 7세 아동
D단계 교재	1, 2, 3, 4집	7세 ~ 초등학교 1학년
E단계 교재	1, 2, 3, 4, 5, 6집	초등학교 1학년
F단계 교재	1, 2, 3, 4, 5, 6집	초등학교 2학년
G단계 교재	1, 2, 3, 4, 5, 6집	초등학교 3학년
H단계 교재	1, 2, 3, 4, 5, 6집	초등학교 4학년
I단계 교재	1, 2, 3, 4, 5, 6집	초등학교 5학년
J단계 교재	1, 2, 3, 4, 5, 6집	초등학교 6학년

「기탄사고력수학」으로
수학 성적 올리는 일등비법을 공개합니다

※ 문제를 먼저 풀어 주지 마세요

기탄사고력수학은 직관(전체 감지)을 논리(이론과 구체 연결)로 발전시켜 답을 구하도록 구성되었습니다. 쉽게 문제를 풀지 못하더라도 노력하는 과정에서 더 많은 것을 얻을 수 있으니, 약간의 힌트 외에는 자녀가 스스로 끝까지 문제를 풀어 나갈 수 있도록 격려해 주세요.

※ 교재는 이렇게 활용하세요

먼저 자녀들의 능력에 맞는 교재를 선택하세요. 그리고 일주일 분량씩 분철하여 매일 3장씩 풀 수 있도록 해 주세요. 한꺼번에 많은 양의 교재를 주시면 어린이가 부담을 느껴서 학습을 미루거나 포기하기 쉽습니다. 적당한 양을 매일매일 학습하도록 하여 수학 공부하는 재미를 느낄 수 있도록 해 주세요.

※ 교재 학습 과정을 꼭 지켜 주세요

한 주 학습이 끝날 때마다 창의력 문제와 경시 대회 예상 문제를 꼭 풀고 넘어가도록 해 주시고, 한 권(한 달 과정)이 끝나면 성취도 테스트와 종료 테스트를 통해 스스로 실력을 가늠해 볼 수 있도록 도와 주세요. 문제를 다 풀면 반드시 해답지를 이용하여 정확하게 채점해 주시고, 틀린 문제를 체크해 놓았다가 다음에는 확실히 풀 수 있도록 지도해 주세요.

※ 자녀의 학습 관리를 게을리 하지 마세요

수학적 사고는 하루 아침에 생겨나는 것이 아닙니다. 날마다 꾸준히 규칙적으로 학습해 나갈 때에만 비로소 수학적 사고의 기틀이 마련되는 것입니다. 교육은 사랑입니다. 자녀가 학습한 부분을 어머니께서 꼭 확인하시면서 사랑으로 돌봐 주세요. 부모님의 관심 속에서 자란 아이들만이 성적 향상은 물론 이 사회에서 꼭 필요한 인격체로 성장해 나갈 수 있다는 것도 잊지 마세요.

기탄교력수학 교재별 학습 내용

A 단계 교재

A - ❶ 교재

나와 가족에 대하여 알기
바른 행동 알기
다양한 선 그리기
다양한 사물 색칠하기
○△□ 알기
똑같은 것 찾기
빠진 것 찾기
종류가 같은 것과 다른 것 찾기
관찰력, 논리력, 사고력 키우기

A - ❷ 교재

필요한 물건 찾기
관계 있는 것 찾기
다양한 기준에 따라 분류하기
(종류, 용도, 모양, 색깔, 재질, 계절, 성질 등)
두 가지 기준에 따라 분류하기
다섯까지 세기
변별력 키우기
미로 통과하기

A - ❸ 교재

다양한 기준으로 비교하기
(길이, 높이, 양, 무게, 크기, 두께, 넓이, 속도, 깊이 등)
시간의 순서 비교하기
반대 개념 알기
3까지의 숫자 배우기
그림 퍼즐 맞추기
미로 통과하기

A - ❹ 교재

최상급 개념 알기
다양한 기준으로 순서 짓기 (크기, 시간, 길이, 두께 등)
네 가지 이상 비교하기
이중 서열 알기
ABAB, ABCABC의 규칙성 알기
다양한 규칙 이해하기
부분과 전체 알기
5까지의 숫자 배우기
일대일 대응, 일대다 대응 알기
미로 통과하기

B 단계 교재

B - ❶ 교재

열까지 세기
9까지의 숫자 배우기
사물의 기본 모양 알기
모양 구성하기
모양 나누기와 합치기
같은 모양, 짝이 되는 모양 찾기
위치 개념 알기 (위, 아래, 앞, 뒤)
위치 파악하기

B - ❷ 교재

9까지의 수량, 수 단어, 숫자 연결하기
구체물을 이용한 수 익히기
반구체물을 이용한 수 익히기
위치 개념 알기 (안, 밖, 왼쪽, 가운데, 오른쪽)
다양한 위치 개념 알기
시간 개념 알기 (낮, 밤)
구체물을 이용한 수와 양의 개념 알기
(같다, 많다, 적다)

B - ❸ 교재

순서대로 숫자 쓰기
거꾸로 숫자 쓰기
1 큰 수와 2 큰 수 알기
1 작은 수와 2 작은 수 알기
반구체물을 이용한 수와 양의 개념 알기
보존 개념 익히기
여러 가지 단위 배우기

B - ❹ 교재

순서수 알기
사물의 입체 모양 알기
입체 모양 나누기
두 수의 크기 비교하기
여러 수의 크기 비교하기
0의 개념 알기
0부터 9까지의 수 익히기

단계 교재

C - ❶ 교재	C - ❷ 교재
구체물을 통한 수 가르기 반구체물을 통한 수 가르기 숫자를 도입한 수 가르기 구체물을 통한 수 모으기 반구체물을 통한 수 모으기 숫자를 도입한 수 모으기	수 가르기와 모으기 여러 가지 방법으로 수 가르기 수 모으고 다시 수 가르기 수 가르고 다시 수 모으기 더해 보기 세로로 더해 보기 빼 보기 세로로 빼 보기 더해 보기와 빼 보기 바꾸어서 셈하기
C - ❸ 교재	**C - ❹ 교재**
길이 측정하기　높이 측정하기 넓이 측정하기　크기 측정하기 둘레 측정하기　무게 측정하기 부피 측정하기　들이 측정하기 활동 시간 알아보기　시간의 순서 알아보기 여러 가지 측정하기	열 개 열 개 만들어 보기 열 개 묶어 보기 자리 알아보기 수 '10' 알아보기 10의 크기 알아보기 더하여 10이 되는 수 알아보기 열다섯까지 세어 보기 스물까지 세어 보기

단계 교재

D - ❶ 교재	D - ❷ 교재
수 11~20 알기 11~20까지의 수 알기 30까지의 수 알아보기 자릿값을 이용하여 30까지의 수 나타내기 40까지의 수 알아보기 자릿값을 이용하여 40까지의 수 나타내기 자릿값을 이용하여 50까지의 수 나타내기 50까지의 수 알아보기	상자 모양, 공 모양, 둥근기둥 모양 알아보기 공간 위치 알아보기 입체도형으로 모양 만들기 여러 방향에서 본 모습 관찰하기 평면도형 알아보기 선대칭 모양 알아보기 모양 만들기와 탱그램
D - ❸ 교재	**D - ❹ 교재**
덧셈 이해하기 10이 되는 더하기 여러 가지로 더해 보기 덧셈 익히기 뺄셈 이해하기 10에서 빼기 여러 가지로 빼 보기 뺄셈 익히기	조사하여 기록하기 그래프의 이해 그래프의 활용 분수의 이해 시간 느끼기 사건의 순서 알기 소요 시간 알아보기 달력 보기 시계 보기 활동한 시간 알기

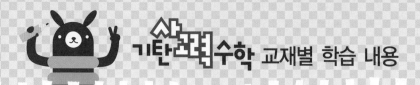

기탄교력수학 교재별 학습 내용

단계 교재

E - ❶ 교재	E - ❷ 교재	E - ❸ 교재
사물의 개수를 세어 보고 1, 2, 3, 4, 5 알아보기 0의 개념과 0~5까지의 수의 순서 알기 하나 더 많다, 적다의 개념 알기 두 수의 크기 비교하기 사물의 개수를 세어 보고 6, 7, 8, 9 알아보기 0~9까지의 수의 순서 알기 하나 더 많다, 적다의 개념 알기 두 수의 크기 비교하기 여러 가지 모양 알아보기, 찾아보기, 만들어 보기 규칙 찾기	두 수로 가르기 두 수를 모으기 가르기와 모으기 덧셈식 알아보기 뺄셈식 알아보기 길이 비교해 보기 높이 비교해 보기 들이 비교해 보기 무게 비교해 보기 넓이 비교해 보기	수 10(십) 알아보기 19까지의 수 알아보기 몇십과 몇십 몇 알아보기 물건의 수 세기 50까지 수의 순서 알아보기 두 수의 크기 비교하기 분류하기 분류하여 세어 보기
E - ❹ 교재	**E - ❺ 교재**	**E - ❻ 교재**
수 60, 70, 80, 90 99까지의 수 수의 순서 두 수의 크기 비교 여러 가지 모양 알아보기, 찾아보기 여러 가지 모양 만들기, 그리기 규칙 찾기 10을 두 수로 가르기 100이 되도록 두 수를 모으기	100이 되는 더하기 10에서 빼기 세 수의 덧셈과 뺄셈 (몇십)+(몇), (몇십 몇)+(몇), (몇십 몇)+(몇십 몇) (몇십 몇)-(몇), (몇십 몇)-(몇십 몇) 긴바늘, 짧은바늘 알아보기 몇 시 알아보기 몇 시 30분 알아보기	세 수의 덧셈 받아올림이 있는 (몇)+(몇) 받아내림이 있는 (십 몇)-(몇) 세 수의 계산 덧셈식, 뺄셈식 만들기 □가 있는 덧셈식, 뺄셈식 만들기 여러 가지 방법으로 해결하기

단계 교재

F - ❶ 교재	F - ❷ 교재	F - ❸ 교재
백(100)과 몇백(200, 300, ……)의 개념 이해 세 자리 수와 뛰어 세기의 이해 세 자리 수의 크기 비교 받아올림이 있는 (두 자리 수)+(한 자리 수)의 계산 받아내림이 있는 (두 자리 수)-(한 자리 수)의 계산 세 수의 덧셈과 뺄셈 선분과 직선의 차이 이해 사각형, 삼각형, 원 등의 여러 가지 모양 쌓기나무로 똑같이 쌓아 보고 여러 가지 모양 만들기 배열 순서에 따라 규칙 찾아내기	받아올림이 있는 (두 자리 수)+(두 자리 수)의 계산 받아내림이 있는 (두 자리 수)-(두 자리 수)의 계산 여러 가지 방법으로 계산하고 세 수의 혼합 계산 길이 비교와 단위길이의 비교 길이의 단위(cm) 알기 길이 재기와 길이 어림하기 어떤 수를 □로 나타내기 덧셈식·뺄셈식에서 □의 값 구하기 어떤 수를 구하는 식 만들기 식에 알맞은 문제 만들기	시각 읽기 시각과 시간의 차이 알기 하루의 시간 알기 달력을 보며 1년 알기 몇 시 몇 분 전 알기 반 시간 알기 묶어 세기 몇 배 알아보기 더하기를 곱하기로 나타내기 덧셈식과 곱셈식으로 나타내기
F - ❹ 교재	**F - ❺ 교재**	**F - ❻ 교재**
2~9의 단 곱셈구구 익히기 1의 단 곱셈구구와 0의 곱 곱셈표에서 규칙 찾기 받아올림이 없는 세 자리 수의 덧셈 받아내림이 없는 세 자리 수의 뺄셈 여러 가지 방법으로 계산하기 미터(m)와 센티미터(cm) 길이 재기 길이 어림하기 길이의 합과 차	받아올림이 있는 세 자리 수의 덧셈 받아내림이 있는 세 자리 수의 뺄셈 여러 가지 방법으로 덧셈·뺄셈하기 세 수의 혼합 계산 똑같이 나누기 전체와 부분의 크기 분수의 쓰기와 읽기 분수만큼 색칠하고 분수로 나타내기 표와 그래프로 나타내기 조사하여 표와 그래프로 나타내기	□가 있는 곱셈식을 만들어 문제 해결하기 규칙을 찾아 문제 해결하기 거꾸로 생각하여 문제 해결하기

단계 교재

G - ❶ 교재	G - ❷ 교재	G - ❸ 교재
1000의 개념 알기	똑같이 묶어 덜어 내기와 똑같게 나누기	분수만큼 알기와 분수로 나타내기
몇천, 네 자리 수 알기	나눗셈의 몫	몇 개인지 알기
수의 자릿값 알기	곱셈과 나눗셈의 관계	분수의 크기 비교
뛰어 세기, 두 수의 크기 비교	나눗셈의 몫을 구하는 방법	mm 단위를 알기와 mm 단위까지 길이 재기
세 자리 수의 덧셈	나눗셈의 세로 형식	km 단위를 알기
덧셈의 여러 가지 방법	곱셈을 활용하여 나눗셈의 몫 구하기	km, m, cm, mm의 단위가 있는 길이의
세 자리 수의 뺄셈	평면도형 밀기, 뒤집기, 돌리기	합과 차 구하기
뺄셈의 여러 가지 방법	평면도형 뒤집고 돌리기	시각과 시간의 개념 알기
각과 직각의 이해	(몇십)×(몇)의 계산	1초의 개념 알기
직각삼각형, 직사각형, 정사각형의 이해	(두 자리 수)×(한 자리 수)의 계산	시간의 합과 차 구하기

G - ❹ 교재	G - ❺ 교재	G - ❻ 교재
(네 자리 수)+(세 자리 수)	(몇십)÷(몇)	막대그래프
(네 자리 수)+(네 자리 수)	내림이 없는 (몇십 몇)÷(몇)	막대그래프 그리기
(네 자리 수)-(세 자리 수)	나눗셈의 몫과 나머지	그림그래프
(네 자리 수)-(네 자리 수)	나눗셈식의 검산 / (몇십 몇)÷(몇)	그림그래프 그리기
세 수의 덧셈과 뺄셈	들이 / 들이의 단위	알맞은 그래프로 나타내기
(세 자리 수)×(한 자리 수)	들이의 어림하기와 합과 차	규칙을 정해 무늬 꾸미기
(몇십)×(몇십) / (두 자리 수)×(몇십)	무게 / 무게의 단위	규칙을 찾아 문제 해결
(두 자리 수)×(두 자리 수)	무게의 어림하기와 합과 차	표를 만들어서 문제 해결
원의 중심과 반지름 / 그리기 / 지름 / 성질	0.1 / 소수 알아보기	예상과 확인으로 문제 해결
	소수의 크기 비교하기	

단계 교재

H - ❶ 교재	H - ❷ 교재	H - ❸ 교재
만 / 다섯 자리 수 / 십만, 백만, 천만	이등변삼각형 / 이등변삼각형의 성질	소수
억 / 조 / 큰 수 뛰어서 세기	정삼각형 / 예각과 둔각	소수 두 자리 수
두 수의 크기 비교	예각삼각형 / 둔각삼각형	소수 세 자리 수
100, 1000, 10000, 몇백, 몇천의 곱	덧셈, 뺄셈 또는 곱셈, 나눗셈이 섞여 있는 혼합	소수 사이의 관계
(세,네 자리 수)×(두 자리 수)	계산	소수의 크기 비교
세 수의 곱셈 / 몇십으로 나누기	덧셈, 뺄셈, 곱셈, 나눗셈이 섞여 있는 혼합 계산	규칙을 찾아 수로 나타내기
(두,세 자리 수)÷(두 자리 수)	( ), { }가 있는 혼합 계산	규칙을 찾아 글로 나타내기
각의 크기 / 각 그리기 / 각도의 합과 차	분수와 진분수 / 가분수와 대분수	새로운 무늬 만들기
삼각형의 세 각의 크기의 합	대분수를 가분수로, 가분수를 대분수로 나타내기	
사각형의 네 각의 크기의 합	분모가 같은 분수의 크기 비교	

H - ❹ 교재	H - ❺ 교재	H - ❻ 교재
분모가 같은 진분수의 덧셈	사다리꼴 / 평행사변형 / 마름모	꺾은선그래프
분모가 같은 대분수의 덧셈	직사각형과 정사각형의 성질	꺾은선그래프 그리기
분모가 같은 진분수의 뺄셈	다각형과 정다각형 / 대각선	물결선을 사용한 꺾은선그래프
분모가 같은 대분수의 뺄셈	여러 가지 모양 만들기	물결선을 사용한 꺾은선그래프 그리기
분모가 같은 대분수와 진분수의 덧셈과 뺄셈	여러 가지 모양으로 덮기	알맞은 그래프로 나타내기
소수의 덧셈 / 소수의 뺄셈	직사각형과 정사각형의 둘레	꺾은선그래프의 활용
수직과 수선 / 수선 긋기	1cm² / 직사각형과 정사각형의 넓이	두 수 사이의 관계
평행선 / 평행선 긋기	여러 가지 도형의 넓이	두 수 사이의 관계를 식으로 나타내기
평행선 사이의 거리	이상과 이하 / 초과와 미만 / 수의 범위	문제를 해결하고 풀이 과정을 설명하기
	올림과 버림 / 반올림 / 어림의 활용	

기탄사고력수학 교재별 학습 내용

단계 교재 (I)

I - ❶ 교재	I - ❷ 교재	I - ❸ 교재
약수 / 배수 / 배수와 약수의 관계 공약수와 최대공약수 공배수와 최소공배수 크기가 같은 분수 알기 크기가 같은 분수 만들기 분수의 약분 / 분수의 통분 분수의 크기 비교 / 진분수의 덧셈 대분수의 덧셈 / 진분수의 뺄셈 대분수의 뺄셈 / 세 분수의 덧셈과 뺄셈	세 분수의 덧셈과 뺄셈 (진분수)×(자연수) / (대분수)×(자연수) (자연수)×(진분수) / (자연수)×(대분수) (단위분수)×(단위분수) (진분수)×(진분수) / (대분수)×(대분수) 세 분수의 곱셈 / 합동인 도형의 성질 합동인 삼각형 그리기 면, 모서리, 꼭짓점 직육면체와 정육면체 직육면체의 성질 / 겨냥도 / 전개도	평행사변형의 넓이 삼각형의 넓이 사다리꼴의 넓이 마름모의 넓이 넓이의 단위 m^2, a 넓이의 단위 ha, km^2 넓이의 단위 관계 무게의 단위
I - ❹ 교재	**I - ❺ 교재**	**I - ❻ 교재**
분수와 소수의 관계 분수를 소수로, 소수를 분수로 나타내기 분수와 소수의 크기 비교 1÷(자연수)를 곱셈으로 나타내기 (자연수)÷(자연수)를 곱셈으로 나타내기 (진분수)÷(자연수) / (가분수)÷(자연수) (대분수)÷(자연수) 분수와 자연수의 혼합 계산 선대칭도형/선대칭의 위치에 있는 도형 점대칭도형/점대칭의 위치에 있는 도형	(소수)×(자연수) / (자연수)×(소수) 곱의 소수점의 위치 (소수)×(소수) 소수의 곱셈 (소수)÷(자연수) (자연수)÷(자연수) 줄기와 잎 그림 그림그래프 평균 자료를 그래프로 나타내고 설명하기	두 수의 크기 비교 비율 백분율 할푼리 실제로 해 보기와 표 만들기 그림 그리기와 식 만들기 예상하고 확인하기와 표 만들기 실제로 해 보기와 규칙 찾기

단계 교재 (J)

J - ❶ 교재	J - ❷ 교재	J - ❸ 교재
(자연수)÷(단위분수) 분모가 같은 진분수끼리의 나눗셈 분모가 다른 진분수끼리의 나눗셈 (자연수)÷(진분수) / 대분수의 나눗셈 분수의 나눗셈 활용하기 소수의 나눗셈 / (자연수)÷(소수) 소수의 나눗셈에서 나머지 반올림한 몫 입체도형과 각기둥 / 각뿔 각기둥의 전개도 / 각뿔의 전개도	쌓기나무의 개수 쌓기나무의 각 자리, 각 층별로 나누어 개수 구하기 규칙 찾기 쌓기나무로 만든 것, 여러 가지 입체도형, 여러 가지 생활 속 건축물의 위, 앞, 옆 에서 본 모양 원주와 원주율 / 원의 넓이 띠그래프 알기 / 띠그래프 그리기 원그래프 알기 / 원그래프 그리기	비례식 비의 성질 가장 작은 자연수의 비로 나타내기 비례식의 성질 비례식의 활용 연비 두 비의 관계를 연비로 나타내기 연비의 성질 비례배분 연비로 비례배분
J - ❹ 교재	**J - ❺ 교재**	**J - ❻ 교재**
(소수)÷(분수) / (분수)÷(소수) 분수와 소수의 혼합 계산 원기둥 / 원기둥의 전개도 원뿔 회전체 / 회전체의 단면 직육면체와 정육면체의 겉넓이 부피의 비교 / 부피의 단위 직육면체와 정육면체의 부피 부피의 큰 단위 부피와 들이 사이의 관계	원기둥의 겉넓이 원기둥의 부피 경우의 수 순서가 있는 경우의 수 여러 가지 경우의 수 확률 미지수를 x로 나타내기 등식 알기 / 방정식 알기 등식의 성질을 이용하여 방정식 풀기 방정식의 활용	두 수 사이의 대응 관계 / 정비례 정비례를 활용하여 생활 문제 해결하기 반비례 반비례를 활용하여 생활 문제 해결하기 그림을 그리거나 식을 세워 문제 해결하기 거꾸로 생각하거나 식을 세워 문제 해결하기 표를 작성하거나 예상과 확인을 통하여 문제 해결하기 여러 가지 방법으로 문제 해결하기 새로운 문제를 만들어 풀어 보기

사고력도 탄탄! 창의력도 탄탄!
기탄고력수학

B4
B181a ~ B195b

이렇게 도와주세요!

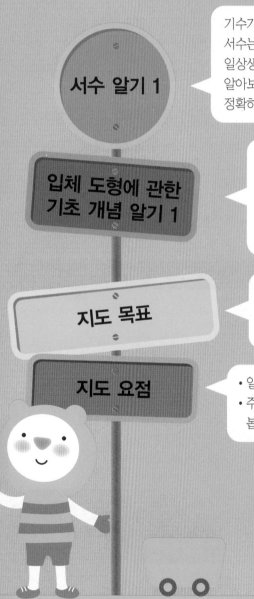

서수 알기 1

기수가 '하나, 둘, 셋' 처럼 수를 나타내는 기본적인 개념이라면 서수는 상대적인 위치, 크기 등을 표현하는 수입니다. 일상생활 속에서 배우는 '첫째, 둘째, 셋째' 와 같은 초기 서수를 알아보고, 다양한 상황에서 서수를 학습하면서 기수와 서수를 정확하게 이해하고 구별하도록 합니다.

입체 도형에 관한 기초 개념 알기 1

유아는 주변의 사물을 통해 여러 가지 입체 도형을 자연스럽게 접하게 됩니다. 사물들이 특정 모양이나 도형을 기초로 만들어져 있음을 이해할 수 있도록 주변의 익숙한 사물을 관찰하며 모양에 따라 분류하고 차이를 알도록 합니다.

지도 목표

• 서수의 개념을 이해하고 사용할 수 있게 합니다.
• 기수와 서수의 차이를 알게 합니다.
• 입체 모양에 대한 변별력을 가지게 합니다.

지도 요점

• 일상생활 속에서 순서를 말해 보도록 합니다.
• 주변에서 접할 수 있는 입체 모양을 찾아서 이야기를 나누어 봅니다.

기탄고력수학

이름 :

날짜 :

【 순서수 알기 】

수영 시합을 해요. 누가 몇 번째로 가고 있는지 선으로 이어 보세요.

첫째　　둘째　　셋째

줄을 서서 걸어가요. 누가 몇 번째로 가고 있는지 선으로 이어 보세요.

이름 :

날짜 :

확인

😊 아래 문제에 알맞게 색칠해 보세요.

첫 번째 선물 상자를 빨간색으로 칠해 보세요.

두 번째 케이크를 분홍색으로 칠해 보세요.

세 번째 고깔모자를 파란색으로 칠해 보세요.

😊 아래 문제에 알맞게 그림을 그려 보세요.

네 번째 컵에 꽂혀 있는 빨대를 그려 보세요.

세 번째 주전자에서 흘러나오는 물줄기를 그려 보세요.

다섯 번째 화분에 심겨 있는 꽃을 그려 보세요.

이름 :

날짜 :

😊 그림을 잘 보고, 아래 문제에 답해 보세요.

두 번째로 올라가고 있는 동물을 찾아 ◯ 해 보세요.

말은 몇 번째로 올라가고 있나요?

□ 번째

토끼는 몇 번째로 올라가고 있나요?

□ 번째

😊 그림을 잘 보고, 아래 문제에 답해 보세요.

첫 번째로 달리고 있는 동물을 찾아 ◯ 해 보세요.

캥거루는 몇 번째로 달리고 있나요?

번째

타조는 몇 번째로 달리고 있나요?

번째

이름 :

날짜 :

확인

😊 그림을 잘 보고, 아래 문제에 답해 보세요.

동물은 모두 몇 마리인가요?   마리

얼룩말은 몇 번째 칸에 타고 있나요?   번째

다섯 번째 칸에 타고 있는 동물을 찾아 ◯ 해 보세요.

😊 그림을 잘 보고, 아래 문제에 답해 보세요.

체육복을 입은 아이는 모두 몇 명인가요? [ ] 명

뜀틀을 넘고 있는 아이는 몇 번째인가요? [ ] 번째

뜀틀을 첫 번째로 넘은 아이를 찾아 ○ 해 보세요.

B185a

이름 :

날짜 :

확인

😊 사진을 잘 보고, 아래 문제에 답해 보세요.

다섯 번째 꽃병을 찾아 ○ 해 보세요.

첫 번째 꽃병과 같은 색으로 오른쪽 을 색칠해 보세요.

주황색 꽃병은 몇 번째에 있나요?

번째

😊 사진을 잘 보고, 아래 문제에 답해 보세요.

여섯 번째 실을 찾아 ◯ 해 보세요.

두 번째 실과 같은 색으로 오른쪽 ☆을 색칠해 보세요.

노란색 실은 몇 번째에 있나요?

 번째

이름 :

날짜 :

😊 노래를 불러요. 보기 의 규칙에 맞게 아이들의 옷을 색칠해 보세요.

보기 에서 첫 번째 , 두 번째 , 세 번째

첫 번째에 분홍, 두 번째에 노랑, 세 번째에 파랑 접시를 오려 붙여 보세요.

이름 :

날짜 :

확인

😊 키 순서대로 짝꿍이 돼요. 키 순서가 같은 아이들끼리 선으로 이어 보세요.

기탄교력수학

아래의 트로피를 오린 뒤, 글자를 잘 보고 알맞은 사람에게 붙여 보세요.

이름 :

날짜 :

확인

[사물의 입체 모양 구분하기]

😊 왼쪽 블록과 모양이 같은 물건을 오른쪽에서 찾아 ◯ 해 보세요.

왼쪽 블록과 모양이 같은 물건을 오른쪽에서 찾아 ◯ 해 보세요.

이름 :

날짜 :

아래의 물건들 중 모양이 전혀 다른 하나를 찾아 ◯ 해 보세요.

😊 아래의 물건들 중 모양이 전혀 다른 하나를 찾아 ◯ 해 보세요.

이름 :

날짜 :

확인

아래의 물건들 중 모양이 전혀 다른 하나를 찾아 ◯ 해 보세요.

🙂 아래의 사진을 잘 보고, 모양이 같은 물건끼리 ⬭로 묶어 보세요.

이름 :

날짜 :

확인

😊 아래의 사진을 잘 보고, 모양이 같은 물건끼리 선으로 이어 보세요.

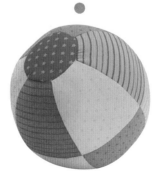

☺ 아래의 음식을 오린 뒤, 모양이 같은 것끼리 같은 그릇에 붙여 보세요.

✂ -

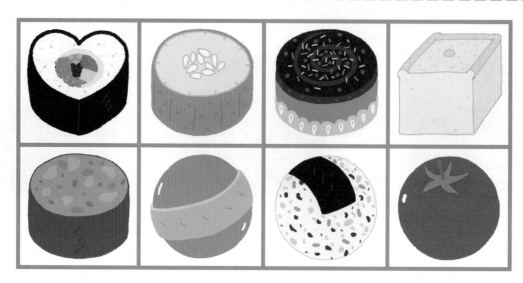

기탄고력수학

이름 :

날짜 :

😊 비슷한 모양의 물건들을 가장 작은 것부터 순서대로 선으로 이어 보세요.

비슷한 모양의 물건들을 가장 작은 것부터 순서대로 선으로 이어 보세요.

기탄고력수학

이름 :

날짜 :

비슷한 모양의 물건들을 가장 작은 것부터 순서대로 선으로 이어 보세요.

보기 의 규칙과 똑같은 순서로 선을 그어 미로를 통과해 보세요.

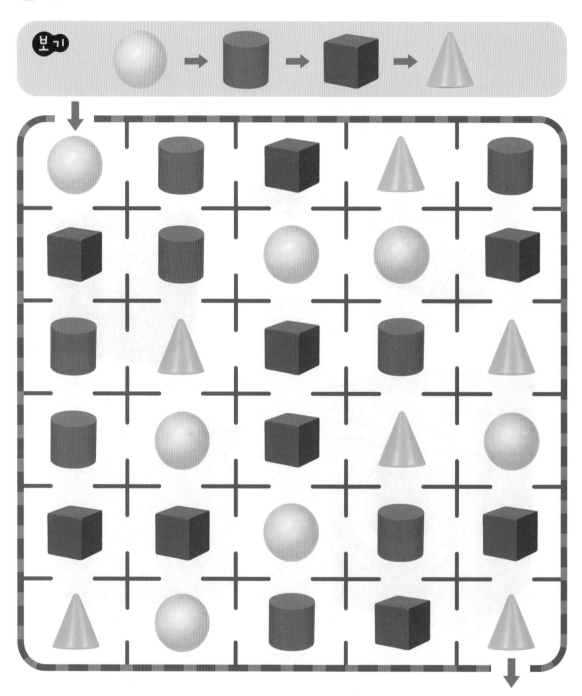

이름 :

날짜 :

확인

😊 여러 가지 모양의 블록에 그림을 그려 재미있게 꾸며 보세요.

여러 가지 모양의 음식에 그림을 그려 재미있게 꾸며 보세요.

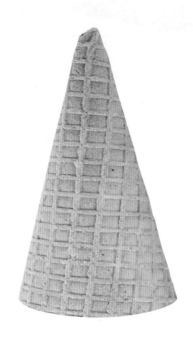

B195a

이름 :

날짜 :

확인

보기 의 규칙을 보고, 그림 속 다양한 모양을 알맞은 색으로 칠해 보세요.

보기   빨강   초록   노랑

🙂 둥근 기둥 모양의 케이크 위에서 내려오는 길을 찾아 선을 그어 보세요.

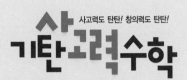

B4

B196a ~ B210b

서수 알기 2	• 순서수 알기
입체 도형의 기초 2	• 입체 모양 나누기

이번 주는?

- 학습 방법 : ① 매일매일 ② 가끔 ③ 한꺼번에 하였습니다.
- 학습 태도 : ① 스스로 잘 ② 시켜서 억지로 하였습니다.
- 학습 흥미 : ① 재미있게 ② 싫증 내며 하였습니다.
- 교재 내용 : ① 적합하다고 ② 어렵다고 ③ 쉽다고 하였습니다.

지도 교사가 부모님께

부모님이 지도 교사께

평가   ⓐ 아주 잘함   ⓑ 잘함   ⓒ 보통   ⓓ 부족함

원(교)   반   이름   전화

이렇게 도와주세요!

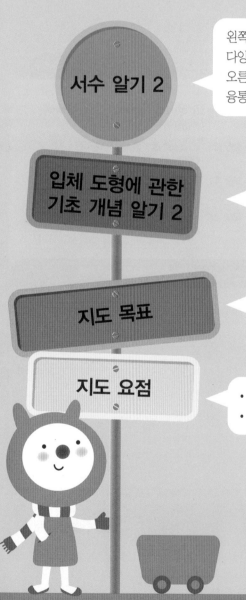

서수 알기 2

왼쪽에서부터 차례로 수를 세며 서수의 기본 개념을 익힌 다음, 다양한 기준으로 수를 세며 서수를 폭넓게 활용해 봅니다. 왼쪽, 오른쪽, 위, 아래 등 다양한 기준으로 서수의 개념을 익히면서 융통성과 문제 해결 능력을 기르도록 합니다.

입체 도형에 관한 기초 개념 알기 2

유아는 다양한 활동을 통해 입체 모양을 관찰하고 잘라 보는 경험을 합니다. 이러한 경험을 좀 더 체계적인 분류를 통해 학습하면서 공간 감각을 키우게 됩니다. 다양한 물체를 관찰하고, 잘라 보는 실험의 기회를 제공하여 흥미로운 학습이 이루어지도록 합니다.

지도 목표

• 서수의 개념을 이해하고 사용할 수 있게 합니다.
• 상대적인 기준에 따라서 위치를 표현하는 서수를 이해하게 합니다.
• 입체 모양의 부분과 전체를 이해할 수 있게 합니다.

지도 요점

• 일상생활에서 다양한 기준으로 순서를 말해 보도록 합니다.
• 다양한 물체를 잘라 보는 실험을 하며 이야기를 나눠 봅니다.

기탄교력수학

이름 :

날짜 :

[순서수 알기]

강아지의 순서를 차례로 세어 보고, 빈칸에 알맞은 수를 써 보세요.

1   2   □   □   □

두 번째

네 번째

첫 번째

세 번째

다섯 번째

돌의 순서를 아래부터 차례로 세어 보고, 빈칸에 알맞은 수를 써 보세요.

일곱 번째

여섯 번째

다섯 번째

네 번째

3 · · · · · 세 번째

2 · · · · · 두 번째

1 · · · · · 첫 번째

이름 :

날짜 :

확인

기차놀이를 하는 아이들을 잘 보고, 순서에 맞게 선으로 이어 보세요.

여섯 번째　　일곱 번째　　여덟 번째　　아홉 번째

첫 번째　　두 번째　　세 번째　　네 번째　　다섯 번째

🙂 강아지와 인형의 방향을 잘 보고, 순서에 맞게 선으로 이어 보세요.

첫 번째	두 번째	세 번째	네 번째	다섯 번째

이름 :

날짜 :

😊 아래 문제에 알맞게 색칠해 보세요.

왼쪽에서 네 번째 양파에 주황색을 칠해 보세요.

오른쪽에서 두 번째 바나나에 노란색을 칠해 보세요.

오른쪽에서 다섯 번째 오이에 초록색을 칠해 보세요.

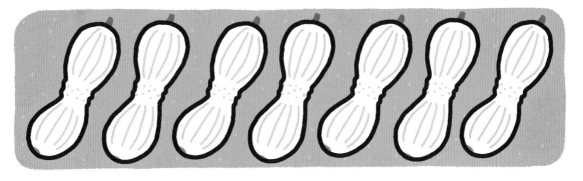

😊 아래 문제에 알맞게 그림을 그려 보세요.

왼쪽에서 세 번째 가방에 손잡이를 그려 보세요.

오른쪽에서 네 번째 상자 위에 리본을 그려 보세요.

오른쪽에서 여섯 번째 초에 촛불을 그려 보세요.

이름 :

날짜 :

확인

😊 사진을 잘 보고, 아래 문제에 답해 보세요.

인형은 모두 몇 개인가요?

개

가장 작은 빨간색 인형은 왼쪽에서 몇 번째인가요?

번째

왼쪽에서 다섯 번째 인형에 ◯ 해 보세요.

🙂 사진을 잘 보고, 아래 문제에 답해 보세요.

개구리 인형은 왼쪽에서 몇 번째인가요?　　　　　　□ 번째

오리 인형은 오른쪽에서 몇 번째인가요?　　　　　　□ 번째

왼쪽에서 일곱 번째 인형을 찾아 ◯ 해 보세요.

😊 그림을 잘 보고, 아래 문제에 답해 보세요.

줄에 매달린 장식은 모두 몇 개인가요? 개

오른쪽에서 네 번째 장식의 색깔로 ♡를 칠해 보세요.

왼쪽에서 두 번째, 오른쪽에서 여섯 번째인 장식에 ○ 해 보세요.

그림을 잘 보고, 아래 문제에 답해 보세요.

왼쪽에서 두 번째 신발을 노란색으로 칠해 보세요.

오른쪽에서 세 번째 신발을 초록색으로 칠해 보세요.

오른쪽에서 다섯 번째 신발을 아래에서 찾아 ○ 해 보세요.

이름 :

날짜 :

확인

😊 사진을 잘 보고, 아래 문제에 답해 보세요.

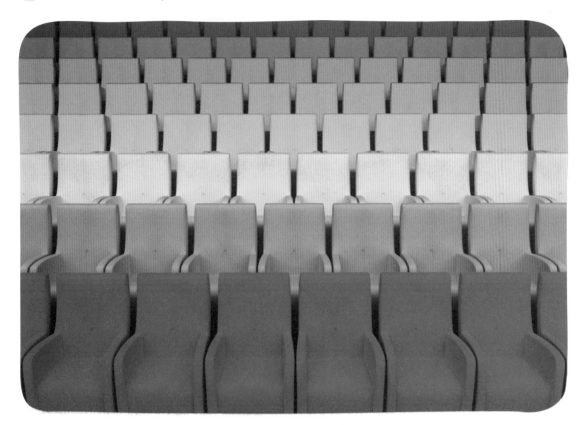

주황색 의자는 아래에서 몇 번째 줄에 있나요? ◻ 번째

연두색 의자는 아래에서 몇 번째 줄에 있나요? ◻ 번째

아래에서 첫 번째 줄 의자에 별 모양 무늬를 그려 보세요.

😊 사진을 잘 보고, 아래 문제에 답해 보세요.

흰색 달걀은 왼쪽에서 몇 번째에 있나요? ☐ 번째

흰색 달걀은 아래에서 몇 번째에 있나요? ☐ 번째

흰색 달걀에서 왼쪽으로 두 번째 달걀에 ◯ 해 보세요.

이름 :

날짜 :

확인

😊 그림을 잘 보고, 아래 문제에 답해 보세요.

왼쪽에서 네 번째, 위에서 첫 번째 창문을 하늘색으로 칠해 보세요.

오른쪽에서 세 번째, 아래에서 두 번째인 창문에 ◯ 해 보세요.

오른쪽에서 두 번째 창문을 아래에서 찾아 ◯ 해 보세요.

🙂 그림을 잘 보고, 아래 문제에 답해 보세요.

별 모양 쿠키는 오른쪽에서 몇 번째에 있나요?
   번째

토끼 모양 쿠키는 위에서 몇 번째에 있나요?
   번째

왼쪽에서 네 번째, 위에서 첫 번째 쿠키 위에 딸기를 그려 보세요.

이름 :

날짜 :

확인

😊 아래 문제에 알맞게 색칠해 보세요.

 에서 위로 두 번째에 모두 주황색을 칠해 보세요.

 에서 오른쪽으로 첫 번째와 두 번째에 연두색을 칠해 보세요.

 에서 아래로 두 번째에 분홍색을 칠해 보세요.

😊 아래의 나비를 오린 뒤, 요정의 말에 알맞게 붙여 보세요.

에서 오른쪽으로 두 번째 꽃에
모두 나비를 한 마리씩 붙여 보세요.

이름 :

날짜 :

확인

😊 **보기** 의 규칙을 잘 보고, 흰 돌과 검은 돌을 알맞게 그려 보세요.

보기　● : 오른쪽으로 한 칸, 아래로 두 칸씩 움직여요.
　　　○ : 왼쪽으로 두 칸, 위로 세 칸씩 움직여요.

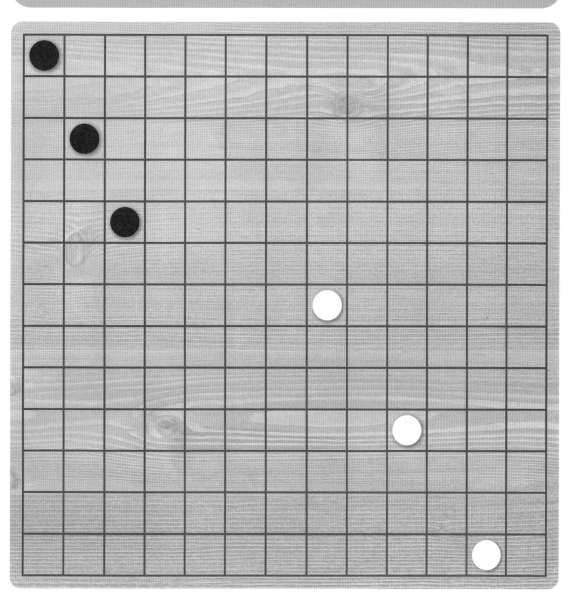

그림을 잘 보고, 빈칸을 알맞게 채워 보세요.

노란 벽돌은 빨간 벽돌에서

왼쪽으로 ☐ 번째, 위로 ☐ 번째에 있어요.

파란 벽돌은 빨간 벽돌에서

오른쪽으로 ☐ 번째, 아래로 ☐ 번째에 있어요.

이름 :

날짜 :

😊 아래의 설명을 잘 보고, 아빠를 찾아 ◯ 해 보세요.

아빠는 🕐 에서 오른쪽으로 두 번째,

위로 첫 번째 골목의 노란 건물 옆에 있단다.

—아빠가—

아래의 설명을 잘 보고, 전화번호의 마지막 숫자를 찾아 ◯ 해 보세요.

마지막 숫자는 전화기 버튼의 왼쪽에서 세 번째, 아래에서 네 번째에 있어요.

우리집 전화번호
5678-654

이름 :

날짜 :

확인

[입체 모양 나누기]

도끼로 나무를 잘라요. 잘린 모양을 아래에서 골라 ◯ 해 보세요.

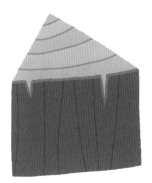
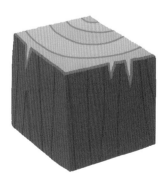

칼로 케이크를 잘라요. 잘린 모양을 아래에서 골라 ◯ 해 보세요.

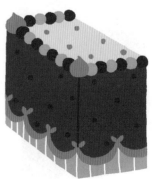

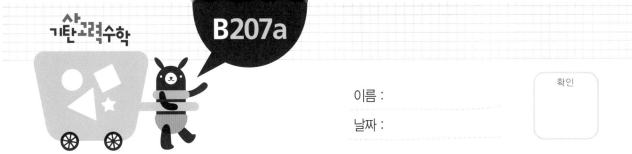
이름 :

날짜 :

☺ 톱으로 박을 잘라요. 잘린 모양을 아래에서 골라 ○ 해 보세요.

😊 오이를 점선대로 잘랐을 때, 잘린 모양을 찾아 선으로 이어 보세요.

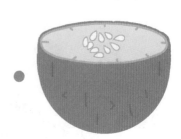

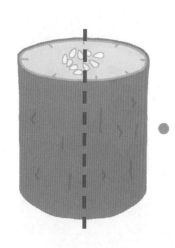

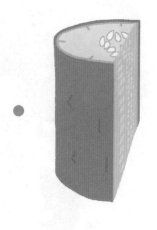

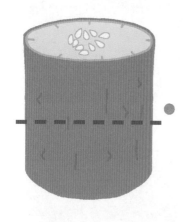

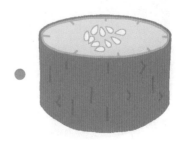

이름 :

날짜 :

확인

😊 케이크를 점선대로 잘랐을 때, 잘린 모양을 찾아 선으로 이어 보세요.

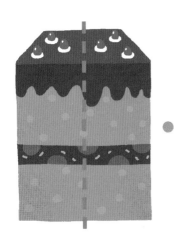

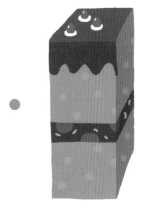

아이스크림을 점선대로 잘랐을 때, 잘린 모양을 찾아 선으로 이어 보세요.

이름 :

날짜 :

귤을 점선대로 잘랐을 때, 잘린 모양을 찾아 선으로 이어 보세요.

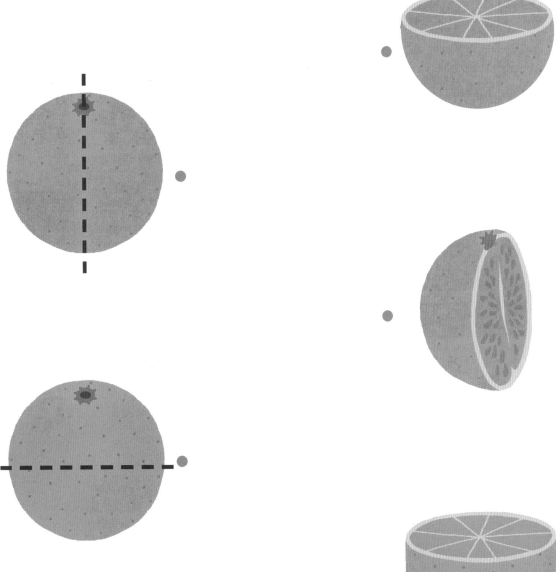

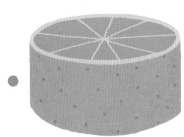

오른쪽의 모습을 보고, 어떻게 잘랐을지 왼쪽 그림에 선을 그어 보세요.

기탄고력수학

이름 :

날짜 :

확인

😊 오른쪽의 모습을 보고, 어떻게 잘랐을지 왼쪽 그림에 선을 그어 보세요.

오른쪽의 모습을 보고, 어떻게 잘랐을지 왼쪽 그림에 선을 그어 보세요.

사고력도 탄탄! 창의력도 탄탄!
기탄사고력수학

B4
B211a ~ B225b

이렇게 도와주세요!

수의 크기 비교하기

유아는 수의 수량적 의미를 이해하게 되면서 물체들의 집합을 비교하여 어느 것이 더 많고 적은지를 아는 것에 흥미를 보입니다. 숫자 거꾸로 쓰기, 일대일 대응 등의 직접 비교를 하면서 수의 많고 적음을 알 수 있게 된 유아는 이제 더 나아가 직접 비교를 하지 않고도 두 수의 크기를 인식할 수 있게 됩니다. 즉, 직관에 의한 수의 크기 비교가 가능해집니다.

지도 목표

- 수가 갖고 있는 양의 개념을 이해하게 합니다.
- 두 수의 크기를 비교하는 능력을 키웁니다.
- 여러 수 중 가장 큰 수와 작은 수를 알 수 있게 합니다.

지도 요점

- 차근차근 수를 세어 비교하는 연습을 충분히 합니다.
- B2집에서 배운 '구체물을 이용한 양의 개념 알기'를 다시 한 번 살펴보도록 합니다.
- B3집에서 배운 '숫자 거꾸로 쓰기'를 다시 한 번 살펴보도록 합니다.

이름 :

날짜 :

[두 수의 크기 비교하기]

😊 어항 속 물고기를 세어 보고, 수가 더 많은 쪽의 ⬭ 을 색칠해 보세요.

😊 통에 담긴 물건을 세어 보고, 수가 더 적은 쪽의 ⬡을 색칠해 보세요.

이름 :

날짜 :

확인

😊 저울 위의 물건에 쓰여 있는 수를 보고, 더 큰 수에 ◯ 해 보세요.

☺ 저울 위의 물건에 쓰여 있는 수를 보고, 더 작은 수에 ◯ 해 보세요.

기탄고력수학

이름 :

날짜 :

☺ 둘 중 더 큰 수가 쓰여 있는 꽃을 예쁜 색깔로 칠해 보세요.

둘 중 더 작은 수가 쓰여 있는 것을 예쁜 색깔로 칠해 보세요.

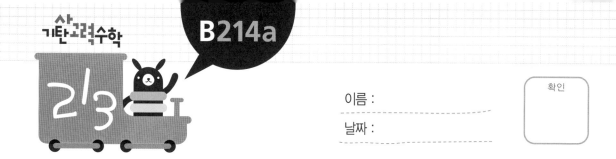

B214a

이름 :

날짜 :

확인

😊 두 그림의 수를 세어 보고, 더 많은 쪽의 ◯를 색칠해 보세요.

😊 두 그림의 수를 세어 보고, 더 적은 쪽의 ◯를 색칠해 보세요.

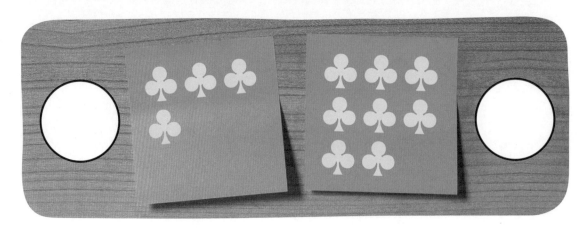

기탄고력수학

이름 :

날짜 :

확인

:smile: 둘 중 더 큰 수에 ◯ 해서 땅콩 껍질 속의 알맹이를 그려 보세요.

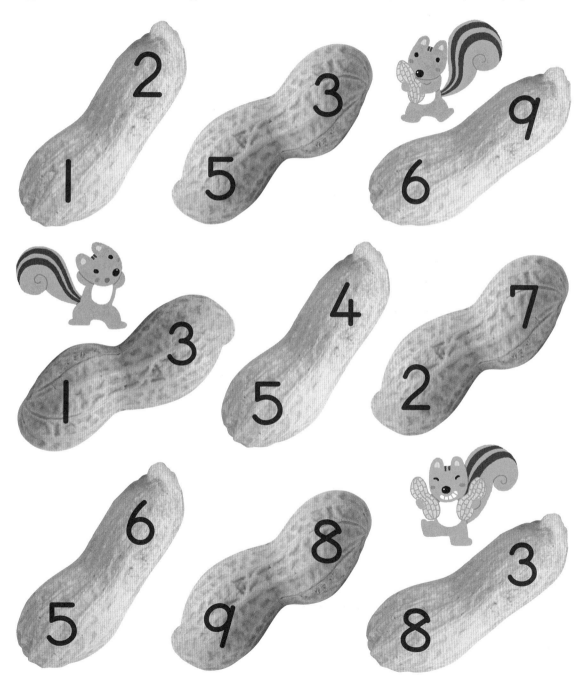

둘 중 더 작은 수에 ◯ 해서 체리 속의 씨를 그려 보세요.

기탄고력수학

이름 :

날짜 :

확인

팻말 속의 수만큼 사과를 그리고, 더 많은 쪽의 팻말을 색칠해 보세요.

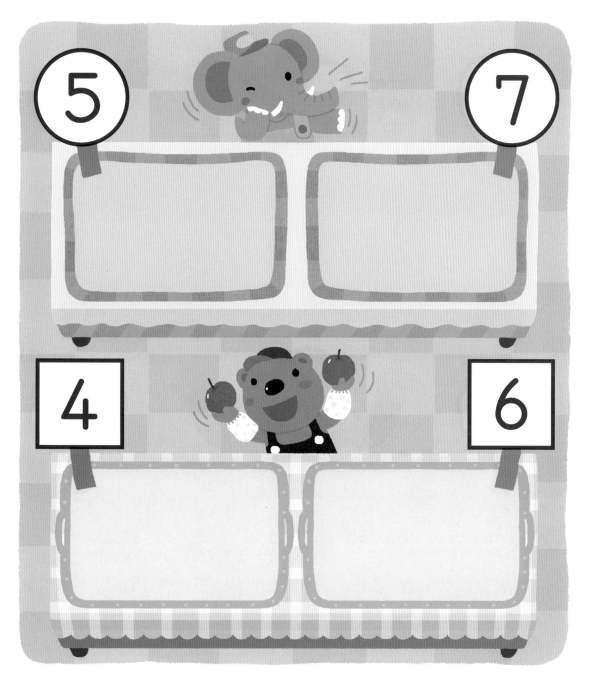

😊 팻말 속의 수만큼 바나나를 그리고, 더 많은 쪽의 팻말을 색칠해 보세요.

기탄ᆨ교력수학

이름 :

날짜 :

확인

밧줄의 양쪽 끝에 쓰여 있는 수를 보고, 더 작은 수에 ○ 해 보세요.

5

4

8

2

5

7

😊 큰 수에는 큰 동물을, 작은 수에는 작은 동물을 아래에서 오려 붙여 보세요.

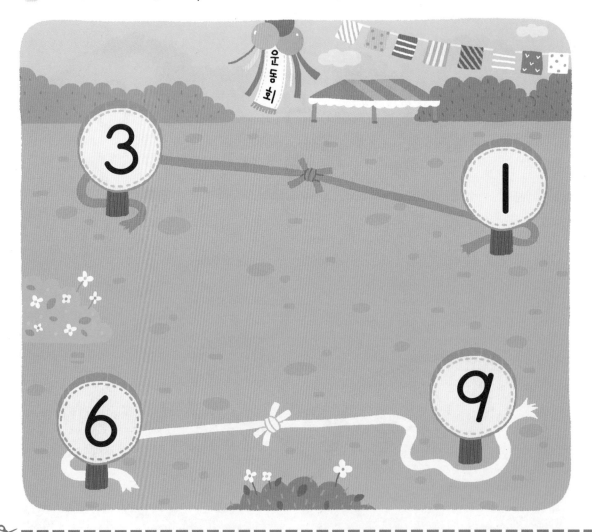

✂

이름 :

날짜 :

[여러 수의 크기 비교하기]

😊 세 개의 풍선 중 가장 큰 수가 쓰여 있는 풍선을 각각 색칠해 보세요.

세 개의 과일 중 가장 작은 수가 쓰여 있는 과일을 각각 색칠해 보세요.

이름 :

날짜 :

확인

셋 중 가장 큰 수에 ○ 해서 완두콩 껍질 속 알맹이를 그려 보세요.

넷 중 가장 작은 수에 ◯ 해서 무당벌레의 등에 무늬를 그려 보세요.

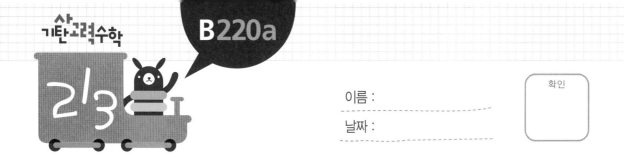
이름 :

날짜 :

확인

☺ 왼쪽 나뭇잎의 수보다 큰 수는 빨강, 작은 수는 노랑으로 칠해 보세요.

첫 번째 열차의 수보다 큰 수는 빨강, 작은 수는 노랑으로 칠해 보세요.

이름 :

날짜 :

😊 4보다 큰 수가 쓰여 있는 물고기를 모두 찾아 ○ 해 보세요.

😊 4보다 작은 수가 쓰여 있는 메모지를 모두 찾아 ◯ 해 보세요.

기탄고력수학

이름 :

날짜 :

😊 파란 비눗방울 속의 수보다 큰 수를 모두 찾아 파랑으로 색칠해 보세요.

2

4

6

8

3

5

7

2

1

9

레몬에 쓰여 있는 수보다 작은 수를 모두 찾아 예쁘게 색칠해 보세요.

이름 :

날짜 :

확인

:) 왼쪽의 수보다 더 큰 수를 오른쪽에서 모두 찾아 ◯ 해 보세요.

4	6	1	5	3
3	2	4	1	9
5	3	6	4	2
6	4	8	2	7

기탄고력수학

213

왼쪽의 수보다 더 작은 수를 오른쪽에서 모두 찾아 ◯ 해 보세요.

2	3 1 5 4
8	6 7 9 2
4	5 3 2 6
7	4 8 2 9

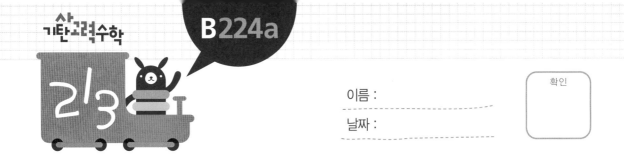

이름 :

날짜 :

확인

더 큰 수를 따라 선을 그어서 애벌레가 지나간 길을 찾아보세요.

더 작은 수를 따라 선을 그어서 거미줄을 빠져나가 보세요.

이름 :

날짜 :

숨어 있는 숫자 다섯 개를 찾고, 7보다 작은 수에 모두 ○ 해 보세요.

기탄고력수학

😊 바나나보다 큰 수가 쓰여 있는 과일만 오려서 바구니에 붙여 보세요.

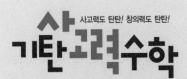

사고력도 탄탄! 창의력도 탄탄!

B4

B226a ~ B240b

이렇게 도와주세요!

0의 개념과 숫자 익히기

유아는 0이 가지는 여러 가지 의미를 이해해야 합니다. 첫 번째는 '없다' 의 의미, 두 번째는 '있어야 할 것이 현재 없는 것', 세 번째는 '기준점' 또는 '출발점' 의 의미입니다. 이번 학습을 통해서 유아는 위와 같은 0의 개념을 정확히 이해하고, 0을 올바르게 사용하는 방법을 배웁니다.

지도 목표

• 0의 세 가지 개념을 바르게 인식하도록 합니다.
• 0을 포함한 수의 순서를 알도록 합니다.

지도 요점

• 전화기 버튼, 동전 등 주변 사물에서 볼 수 있는 숫자 0을 찾아보면서 친숙해지도록 합니다.
• 수를 셀 때는 '0,1,2,3,4,5,6,7,8,9' 의 순서로 수를 세어, 0의 위치를 알도록 합니다.

이름 :

날짜 :

【 0의 개념 알기 】

 남아 있는 만두를 세어 보고, 그 수만큼 아래의 ◯를 색칠해 보세요.

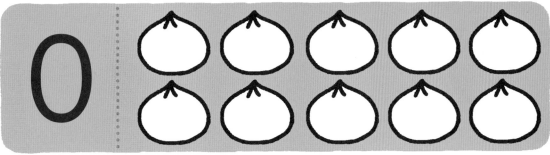

😊 펭귄에 숨어 있는 숫자 0을 색칠하고, 아래에 따라 써 보세요.

0 영 0 0 0

이름 :

날짜 :

확인

😊 그림을 잘 보고, 아무도 타지 않은 차에 ◯ 해 보세요.

그림을 잘 보고, 아무도 타지 않은 열기구를 파란색으로 칠해 보세요.

이름 :

날짜 :

확인

😊 쟁반의 채소 수를 세어 보고, 오른쪽에서 같은 수를 찾아 이어 보세요.

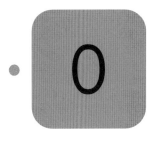

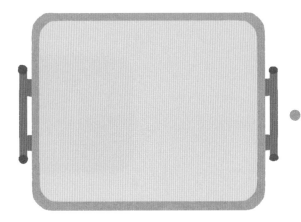

액자 속 사람을 세어 보고, 오른쪽에서 같은 수를 찾아 이어 보세요.

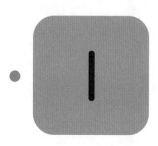

이름 :

날짜 :

상자 속 로봇을 세어 보고, 그 수만큼 상자의 곁에 ◯를 그려 보세요.

😊 크레파스를 세어 보고, 그 수만큼 ♡를 오려 오른쪽에 붙여 보세요.

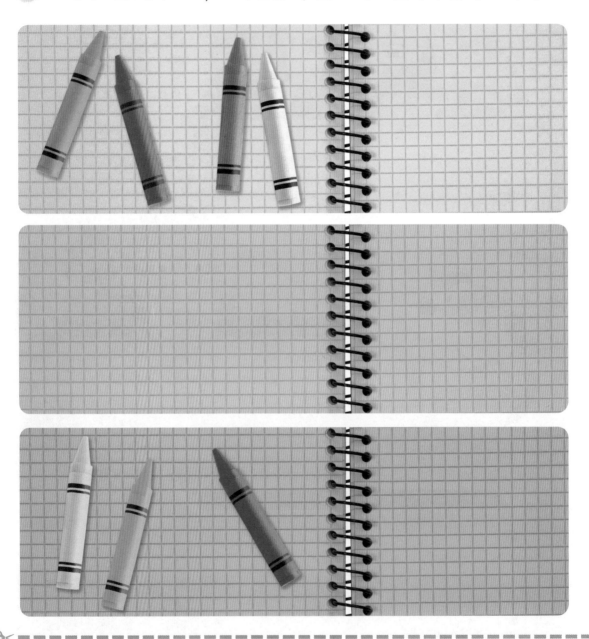

✂ -

이름 :

날짜 :

☺ 그림 속에 숨어 있는 숫자 0을 모두 찾아 ◯ 해 보세요.

아래에서 모양이 숫자 0을 닮은 것을 모두 찾아 ◯ 해 보세요.

이름 :

날짜 :

그림을 잘 보고, 아래 문제에 답해 보세요.

피자가 몇 조각 남아 있나요?

조각

아빠가 피자를 4조각 더 먹으면 몇 조각 남을까요?

조각

😊 그림을 잘 보고, 아래 문제에 답해 보세요.

수족관에 물고기가 몇 마리 있나요? ☐ 마리

손님이 물고기를 5마리 사 가면 몇 마리 남을까요? ☐ 마리

이름 :

날짜 :

그림을 잘 보고, 아래 문제에 답해 보세요.

인형이 모두 몇 개 있나요? ☐ 개

파란 바지를 입은 아이는 인형을 몇 개 가지고 있나요? ☐ 개

아래의 쿠키를 오린 뒤, 하나도 없는 동물들에게 두 개씩 붙여 보세요.

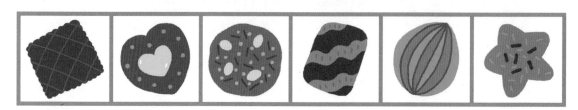

이름 :

날짜 :

확인

표지판을 잘 보고, 물건이 몇 개 남을지 생각하여 빈칸에 써 보세요.

공 **3**개를 강아지 친구에게 줄 거예요.

3 ➡

블록 **5**개를 병아리 동생에게 줄 거예요.

5 ➡

의자 **1**개는 아무에게도 주지 않을 거예요.

1 ➡

주전자 **2**개는 엄마께 선물할 거예요.

2 ➡

숫자 0이 쓰여 있는 곳을 모두 찾아 노란색으로 칠해 보세요.

이름 :

날짜 :

숫자 0이 쓰여 있는 돌을 선으로 이어 징검다리를 건너가 보세요.

〔보기〕의 규칙대로 알맞은 색깔을 칠하고, 나타나는 숫자를 말해 보세요.

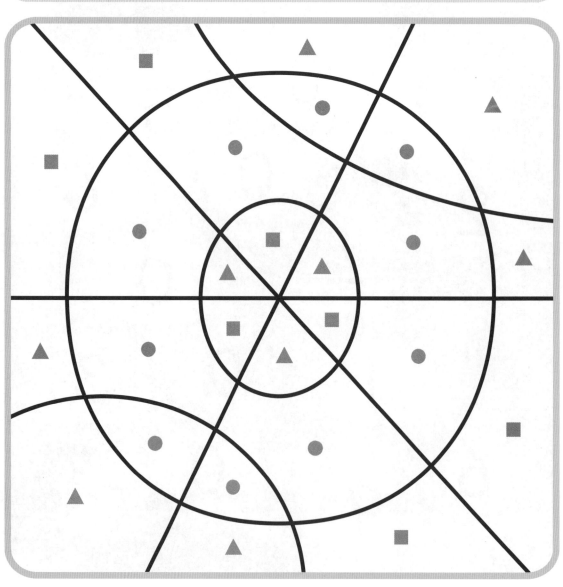

이름 :

날짜 :

확인

【 0부터 9까지의 수 익히기 】

😊 0부터 9까지의 수를 순서대로 써 보세요.

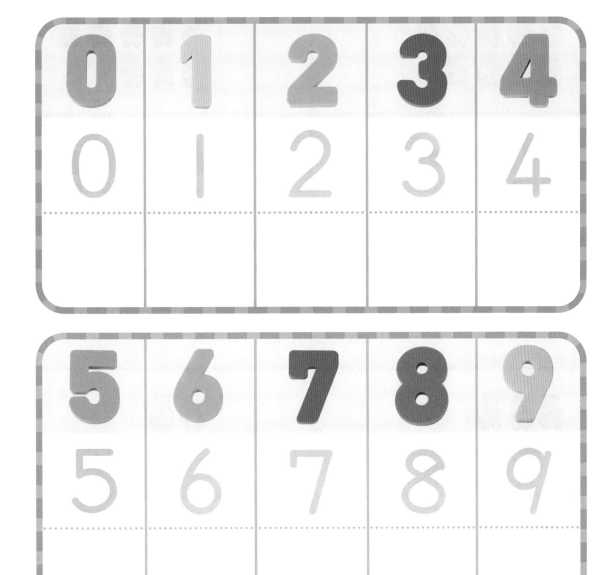

기탄고력수학

젤리를 9에서 0까지 거꾸로 세어 보고, 빈칸에 알맞은 수를 써 보세요.

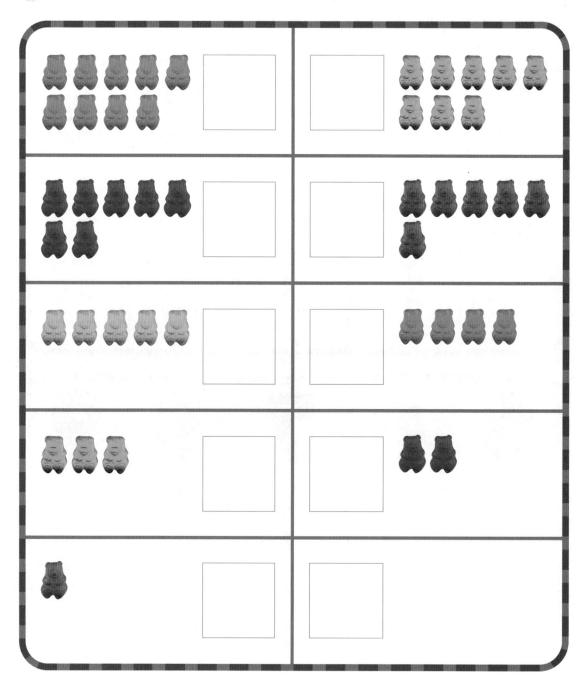

이름 :

날짜 :

바구니 안의 장난감을 세어 보고, 알맞은 수를 찾아 ◯ 해 보세요.

바구니 안의 과일을 세어 보고, 알맞은 수를 찾아 ◯ 해 보세요.

0 1 2 3 4 5 6 7 8 9

0 1 2 3 4 5 6 7 8 9

0 1 2 3 4 5 6 7 8 9

이름 :

날짜 :

🙂 새의 수만큼 ○를 색칠하고, 빈칸에 알맞은 수를 써 보세요.

😊 동물의 수만큼 ◯를 색칠하고, 빈칸에 알맞은 수를 써 보세요.

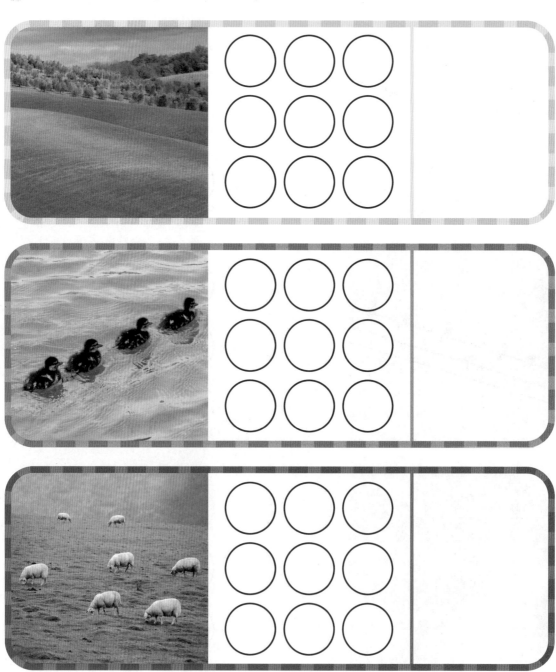

이름 :

날짜 :

확인

초밥을 만들어요. 초밥을 세어 보고, 빈칸에 알맞은 수를 써 보세요.

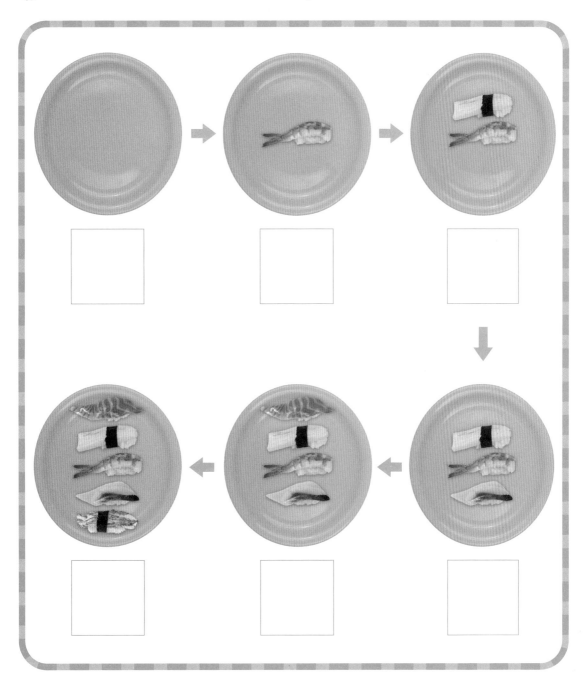

전을 먹어요. 남은 전을 세어 보고, 빈칸에 알맞은 수를 써 보세요.

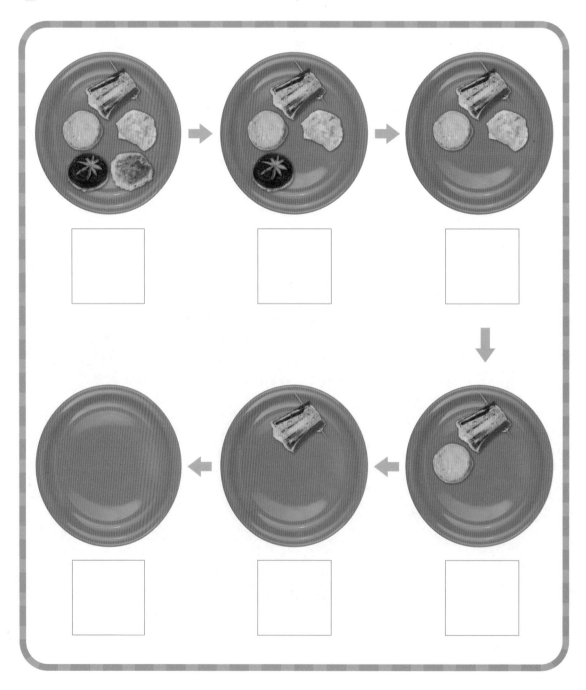

B239a

이름 :

날짜 :

확인

준이가 솜사탕을 나눠 주어요. 남는 솜사탕의 수를 빈칸에 써 보세요.

2개

→

☐ 개

3개

→

☐ 개

2개

→

☐ 개

준이가 친구들에게 풍선을 받아요. 받는 풍선 수를 빈칸에 써 보세요.

이름 :

날짜 :

강아지가 먹이를 찾아가요. 알맞은 길을 따라 선을 그어 보세요.

😊 아래 퍼즐 조각을 오린 뒤, 위의 빈 곳에 붙여 그림을 완성해 보세요.

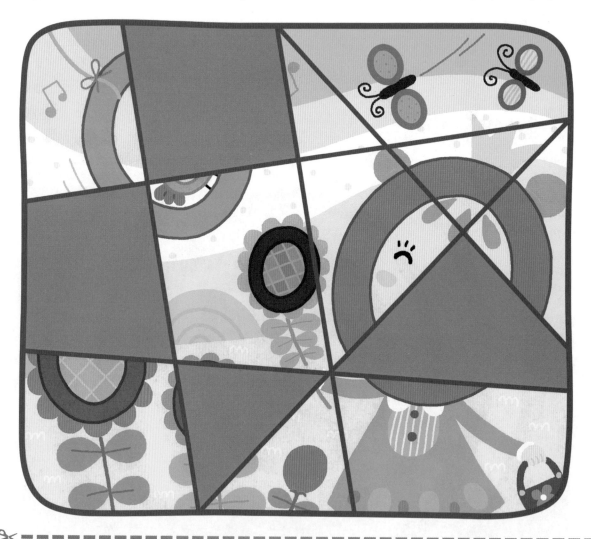